无公害蔬菜病虫害防治实战丛书

黄瓜疑难杂症图片对照诊断与处方

孙　茜　主编

中国农业出版社

主　　编　孙　茜

副 主 编　潘文亮　王贺军　张凤国　李红霞
王守军　蔡淑红　啜会娥

编 著 者（以姓氏笔画为序）

马秀英　马金凯　王荣湘　毛向宏
尹建房　尹继民　冯秀华　刘彦民
刘庆锤　苏其茹　李　民　李　楠
李术臣　李丽娟　杨学武　袁章虎
肖洪波　张西敏　张付强　张金华
苑凤瑞　胡铁军　赵梅素　贾海民
夏彦辉　韩秀英　谭文学　戴东权

序

蔬菜产业是河北省农业三大主导产业之一,其种植效益高，为农民增收作用大。“九五”以来，河北省蔬菜发展迅猛，规模总量居全国第二，产值居种植业之首。广大菜农靠科技种菜发家致富的要求十分迫切,非常需要通俗易懂的图书，以指导选良种、用好肥、施准药，生产出高质量的无公害蔬菜产品，提高市场竞争力，推进蔬菜产业进一步健康快速发展。

蔬菜生产中的病虫害防治非常重要,是提高蔬菜质量水平和产量效益的关键环节。近十多年来，以河北省农业科学院植物保护研究所孙茜为代表的一些植保专家，深入基层，直接指导农民防病治虫，科学用药，为蔬菜产业的发展发挥了重要作用。

孙茜同志，自1995年以来，长年累月在基层钻大棚、进温室，下田间、访农户，查病虫、找药瓶，讲解诊断病虫方法，传授防治病虫技术，成了农民的贴心人，被菜农誉为“蔬菜神医”。她在生产第一线积累了非常丰富的实践经验。好多好多农民多次呼吁：“孙老师：你把给我们讲的这些病虫害症状和防治方法写成书，让我们在种植中对照使用，就更好了！”

《无公害蔬菜病虫害防治实战丛书》的编辑出版，满足了广大菜农的需求和心愿，必将受到千百万菜农的欢迎，为指导菜农种出好菜、提高收益发挥重要作用。

河北省农业技术推广总站　推广研究员

2005年10月

目录

写在前面的话

随着设施蔬菜种植面积的快速发展和引进、发展特菜品种的增多，加之农民的连茬、重茬种植以及农药和化肥施用的不规范，使得蔬菜生产中病害种类繁多、情况复杂。许多农民对蔬菜病虫害的防治水平还停留在种植大田作物的用药理念上。虽然舆论一再强调无公害生产，但是在实际生产中仍存在着一些不容忽视的问题，主要表现在以下几方面。

1.落后的栽培措施和病虫害防治手段与优良品种种植不相适应。病害防治用药现状乱、混、杂，老菜农凭着老经验，不按照农药的药理、药性施药，随意缩短持效期间隔，任意加大用药量和盲目混用药剂，使得蔬菜长期生长在“治病也致命（残)”的环境里，如图1、图2。

图1　大剂量用药下的黄瓜生长现状

图2　滥用激素造成的畸形黄瓜

2.高价位蔬菜混用药多。在设施蔬菜种植区域，蔬菜价格越高，菜农保秧护果意识越强，惟恐蔬菜得病。一旦发病则拼命喷药，有时仅仅是一种病害发生，也要自主多加几种治疗其他病害的药剂一起预防，使得蔬菜植株像披上一层厚厚的药衣，如图3、图4。

图3 身披厚重药霜的黄瓜植株

图4 黄瓜防病用药现状

3.只注重防病忽略对蔬菜生长的安全性。劣质农药、仿制品或硫磺类混配性农药对蔬菜瓜果的刺激性和危害性极大。随着种植结构的改变，种植大田作物的农民向蔬菜种植产业转化，虽然许多新菜农具备了生产硬件，如设施棚架、优良种子等，但是其管理、防病技术却仍然很薄弱，甚至是空白。这就给不法农资经销商经营假药、次药以可乘之机。他们以自己的一己之利欺骗（忽悠）半知半懂的新菜农，说某某种药剂多么多么好，多么神奇，加上某种药会更好地预防、再加上某某种营养药剂会壮秧，等等。以极不科学的混配防病手段，诱使新菜农多用药、混用药，造成植株落花落果、药害现象非常普遍，如图5、图6。

图6 喷施假药、劣药造成的化瓜、落果

图5 新菜区多种农药混用产生的植株生长紊乱

4.落后的病虫害防治理念与无公害蔬菜生产标准不相适应。就蔬菜病害预防来说，菜农对于无公害生产要求一般还能遵守，在流行性病害大发生时，无公害防治就仅仅剩下一个概念。发病用药的心情和执行无公害生产标准用药的约束相矛盾，其中被农药商所左右的菜农占多数。农民往往是什么药好使、什么药劲儿（毒）大，就用什么药。蔬菜生产允许的农药残留标准难以实现。

5.缺素症和肥害与病毒病混为一谈——滥用药。菜农缺乏病虫害防治的基本知识，存在一些不正确的用药方法，如图7、图8。

图7 黄瓜生长时期滥用坐瓜灵产生的畸形瓜

图8 多种生长调节剂混施造成的疑似病毒病的激素药害

正是由于这些现象使得蔬菜病、虫、草、药、盐害发生日益严重。尤其是保护地设施栽培的蔬菜。随着季节栽培的传统模式被打破，反季节栽培蔬菜大面积增长，使得各种病害发生的症状随着季节差异、气候差异和用药混乱而

图9 无公害蔬菜病虫害防治大处方指导下的无公害黄瓜生长状况

发生不典型症状，以致难以辨认。

我们在生产实践中对菜农进行病害咨询、指导和培训中，直接面对上述问题，经历了从单一病害的识别、农业措施防治及农药补救的较专业化的辅导，到将复杂的病、虫、草、药、寒、盐、冻、涝害等植株症状区别普及化和植保技术简单系列化、方案化（处方化）的指导历程。总结我们的经验和归纳相关知识后，再用农民的语言辅导农民，取得了良好的效果。为了把帮助菜农走出混乱用药和高成本投入的误区，达到低残留、无污染和无公害生产蔬菜的目的，我们编写了这本小册子，愿这本书的出版能为菜农朋友们提供病虫害防治技能上的帮助。图9～11为黄瓜病害防治大处方指导下的黄瓜生产丰收景象。

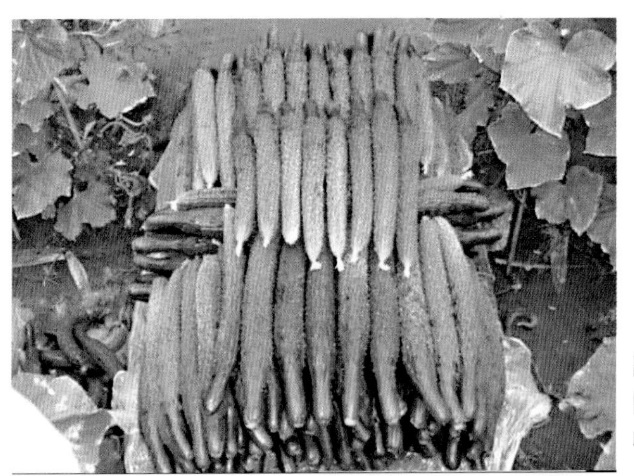

图10　无公害蔬菜病虫害防治大处方指导下的黄瓜丰收景象

图11　无公害蔬菜病虫害防治大处方指导下生产的优质黄瓜

一、黄瓜病害的诊断

（一）田间病害诊断应考虑的因素

蔬菜病害田间诊断是一项农业综合技能的体现。科研与推广人员的诊断区别在于前者可以取样返回实验室培养、分离镜检后再下结论。它的准确率高，防治方案正确，但需要时间较长，与生产要求不相适应。田间的诊断则不一样，必须在第一时间内初步判断症状的因由范围，即刻给出初步的救治方案，然后再根据实验室分析鉴定修正防治方案。因此，判断是否病、虫、药、肥、寒、热害等症状应注意如下程序和因素。

1.观察：观察应从局部叶片到整株观察，还要看病症植株所处保护地棚室的位置、栽培方式、栽培习惯等。看一个棚室可能看到一种症状、一种现象。观察几个乃至十几个棚室则能发现一种规律。这里有自然的、有人为的。

2.追询：土壤环境状态、连茬情况以及上茬作物、除草剂使用情况及品种类型、剂量、存放地点、相邻作物种类等（图12）。分析一种病症时要考虑菜农的栽培史，调查连茬年数，

图12　除草剂2，4-D丁酯飘移到黄瓜上产生药害

及上茬种植作物情况。往往因连年种植同一作物重茬致使某些病害大发生，或者土壤有机肥严重不足，大量化肥施入底肥、追肥而造成土壤盐渍化，植株生长呈现缺素症状。

3.了解：摸清种植作物品种特征、特性；耐寒、耐热、敏感性、抗病性等，看其是否适合当地季节、气候种植。随着国内外特菜、优秀生食黄瓜品种的引进、推广，各品种的抗高温性、耐热性及耐寒性等也不尽相同。了解品种对环境的要求，对判断是否发生寒、热害或病害很有帮助（图13）。

图13　引进品种荷兰黄瓜

4.收集：菜农使用农药的习惯、种植期使用农药史、所用药剂的包装袋和成分说明，以及存放药品的地点都是调查了解的范围。由于一些菜农预防病害大多为3～4种农药混于一桶水(一喷雾器)中，将杀菌剂2～3种、杀虫剂、生长调节剂等多种农药混用，假、劣农药也充斥其中，三至五天喷一次。蔬菜生存、生长受到抑制。因此，诊断时一定收集排查菜农用过的药袋子（图14）。

图14　菜农用过的一小部分药袋子

5.求证：求证土壤基肥、追肥、冲施肥的使用情况，单位面积用量及氮、磷、钾和微肥有效含量、生产厂商、施肥习惯等。由于常年种植高产作物，人们往往是有机肥不足化肥补。生产中常有将未腐熟好的鸡粪干、牲畜粪直接施到田间造成有害气体熏蒸危害。冲施肥不是均匀撒在垄中而是在入水口随水冲进畦里，造成烧根黄化以及盐渍化现象（图15）。

图15 表土浮施未腐熟的农家肥造成的有害气体熏蒸叶片症状

6.天气：了解所在地季节气候对诊断很重要。内容包括温度、湿度、自然灾害情况的气象记录。突发性的病症与气候有直接的关系。如；下雪、大雾、连阴天、多雨季节、霜冻的突然降至、水淹等在诊断时都应该充分考虑到（图16）。

图16 冬季要考虑天气的因素

7.人为：在诊断中人为破坏也是应考虑的因素。现实中发生过由于经济利益或家族矛盾而出现人为破坏喷施激素、甚至除草剂的现象。

8.取样：采取病害标本带给研究部门分离、分析鉴定。

（二）田间病害诊断应涉及的范围

在生产中经常遇到不同专业的科技人员对同一病症的诊断得出不同的结论。一种现象会有许多结论或救治方法。有时受着学科限制对其病症给予单一方面的解释。在自然环境中，栽培种植方式、管理、防病用药手段、天气、肥料等各种因素综合作用的复杂环境里，诊断病症应涉及如下范围，可以逐步排除。

首先应判断是病害？还是虫害？或是生理性病害？

（1）由病原寄生物侵染引起的植物不正常生长和发育受到干扰破坏所表现的病态，常有发病中心，由点到面 ………………………… 病害

a：蔬菜遭到病菌寄生侵染，植株感病部位生有霉状物、菌丝体并产生病斑 ………………………… 真菌病害

b：蔬菜感病后组织解体腐烂、溢出菌脓有臭味 ………… 细菌病害

c：蔬菜感病后引起畸形、丛簇、矮化、花叶皱缩等并有传染扩散现象 ………………………… 病毒病害

（2）有害昆虫如蚜虫、棉铃虫等啃食、刺吸、咀嚼蔬菜引起的植株非正常生长和伤害现象，无病原物，有虫体可见 ……………… 虫害

（3）受不良生长环境限制以及天气、种植习惯、管理不当等因素影响蔬菜局部或整株或成片发生的异常现象无虫体、病原物可见 …… 生理性病害

①因过量施用农药或误施、飘移、残留等因素对蔬菜造成的生长异常、枯死、畸形现象 ………………………… 药害

a：因施用含有对蔬菜花、果实有刺激作用成分的杀菌剂造成的落花落果以及过量药剂所产生植株及叶片异形现象 ………………………… 杀菌剂药害

b：因过量和多种杀虫剂药剂混配喷施蔬菜所产生的烧叶、白斑等现象 ………………………… 杀虫剂药害

c：除草剂超量使用造成土壤残留，下茬受害黄化、抑制生长等现象，以及喷施除草剂飘移造成的近邻蔬菜受害畸形现象 ………………………………………………… 除草剂药害

d：因气温、浓度的过高、过量或喷施不适当造成植株异形、畸形果、裂果、僵化叶等现象 …………………… 激素药害

②因偏施化肥，造成土壤盐渍化、或缺素，造成的植株烧灼、枯萎、黄叶、化瓜等现象 ………………………………………………… 肥害

a：施肥不足，脱肥，或过量施入单一肥料造成某些元素固定缺乏微量元素现象 ……………………………………… 缺素症

b：过量施入某种化肥或微肥，或环境污染造成的某种元素中毒 ……………………………………………………… 中毒症

③因天气的变化、突发性天灾造成的危害 ……………… 天气灾害

a：冬季持续低温对蔬菜生长造成的低温障碍 …………… 寒害

b：突然降温、霜冻造成的危害 …………………………… 冻害

c：因持续高温对不耐热蔬菜造成的高温障碍 …………… 热害

d：阴雨放晴后的超高温强光下枝叶灼伤 ………………… 烫伤

e：暴雨、水灾植株泡淹造成的危害 ……………………… 淹害

二、黄瓜病害典型与非典型、疑似病症的诊断与防治

许多菜农告诉我们，他们在种植中发生的病害症状并不是很典型，待症状典型了，救治已经非常被动了，损失在所难免。他们往往在发病初期的病症甄别上举棋不定，用药时就会许多药掺和在一起喷，以求多效广防保住苗秧，常常是事与愿违，花钱多效果差。如果掌握了识别病症的技巧，辨别了病害种类，就会变被动防治为针对性治疗。既争取了时间，又节省了成本。下面介绍黄瓜主要病害的典型、非典型及疑似病症的诊断与救治方法。

◆ 霜霉病

【典型症状】 霜霉病是全生育期均可以感染的病害，主要为害叶片。因其病斑受叶脉限制，多呈多角形浅褐色或黄褐色斑块，从而成为非常易诊断的病害。如图17。叶片感病以后，叶缘、叶背出现水浸状病斑，逐渐扩展受叶

图17 黄瓜感染霜霉病的叶片

脉限制扩大后呈现大块状黄褐色角斑。湿度大时叶背长出灰黑色霉层，结成大块病斑后会迅速干枯，如图18。

图18　黄瓜霜霉病田间为害状

【非典型症状】　病斑虽呈散状小角斑，叶斑干枯浅褐色如图19，但叶片未连片和叶背面少有水渍状霉层，病斑的不规则使防治时举棋不定。这是因施用过量氮肥和氮素冲施肥造成的氮过量环境下的不典型霜霉病症状。此症除表现不规范霜霉病症外，还表现出氮肥大剂量施用后致使黄瓜叶片僵化的症状。

图19　氮过量环境下的霜霉病症状

图20　疑似霜霉病的疫病叶片

【疑似症状】 黄瓜叶片上有大块病斑，看似是大型角斑，细看病斑并没有受叶脉限制，叶缘有不规则侵染扩展斑，如图20。因在高湿、温差大的春季，低温更适合疫病发生，从叶背面有细微的白色霉层判断是疫病为害的病症。

图21　棚室中高湿环境中极易感病的带水珠黄瓜叶片

【发病原因】 病菌主要在冬季温室作物上越冬。由于北方设施棚室保温条件的改善，黄瓜可以安全越冬栽培，病菌可以周年侵染，借助气流传播。病菌孢子囊萌发适宜温度为15～22℃，相对湿度高于83%，叶面有水珠时极易发病，如图21。保护地棚室内空气湿度越大病菌产孢子越多，叶面有水珠或露水是病菌萌发游动侵入的有利条件。

【救治方法】

选用抗病品种：如满贯、津春系列、津杂等。

生物防治：清园切断越冬病残体组织，合理密植，高垄栽培，控制湿度是关键。地膜下渗浇小水或滴灌，节水保温，以利降低棚室湿度。清晨尽可能早的放风，即放湿气，尽快进行湿度置换，以利快速提高气温。氮、磷、钾均衡施用，育苗时苗床土注意消毒及药剂处理。

药剂救治：预防为主，移栽棚室缓苗后可参考采用病害防治大处方（见第八部分）。预防可采用75%达科宁可湿性粉剂600倍液（100克药对4桶*水），或25%阿米西达悬浮剂1 500倍液，或80%大生可湿性粉剂500倍液。发现中心病株后立即全面喷药，并及时清除病叶带出棚外烧毁。救治可选择68%金雷水分散粒剂500～600倍液（折合100克药对3～4桶水），或25%阿米西达悬浮剂1 500倍液，或72%克抗灵、霜疫清可湿性粉剂700倍液，或64%杀毒矾可湿性粉剂500倍液，或69%安克可湿性粉剂600倍液或72.2%普力克水剂800倍液等。

◆ 灰霉病

【典型症状】 灰霉病主要为害幼瓜和叶片，如图22、图23。病菌从雌花的花瓣侵入，花瓣腐烂，瓜蒂顶端开始发病，瓜蒂感病向内扩展。致使感病瓜果呈灰白色，软腐，长出大量灰绿色霉菌层，如图23。

图22 感染灰霉病的黄瓜

图23 幼瓜感染灰霉病后期化瓜

* 1桶水＝15升水。

【发病原因】 灰霉病菌以菌核或菌丝体、分生孢子在病残体上越冬。病原菌属于弱寄生菌，从伤口、衰老的器官和花器侵入。柱头是容易感病的部位，致使果实感病软腐。花期是灰霉病侵染高峰期。病菌借气流传播和农事操作传带进行再侵染。适宜发病气温为18～23℃、湿度90%以上，低温高湿、弱光有利于发病。大水漫灌又遇连阴天是诱发灰霉病的最主要因素。密度过大，放风不及时，氮肥过量造成碱性土壤缺钙，植株生长衰弱均利于灰霉病的发生和扩散。

【救治方法】

生态防治：保护地棚室要高垄覆地膜栽培，如图24，地膜下渗浇小水，如图25。有条件的可以考虑采用滴灌，节水控湿。加强通风透光，尤其是阴天除要注意保温外，应严格控制灌水，严防浇水过量。早春将上午放风改为清晨短时放湿气，清晨尽可能早的放风，尽快进行湿度置换尽快降湿提温有利于黄瓜生长。及时清理病残体，摘除病果、病叶和侧枝，集中烧毁和深埋。合理密植，高垄栽培，控制湿度是关键。氮、磷、钾均衡施用，育

图24 高垄栽培的黄瓜种植模式

图25 膜下浇水的黄瓜种植模式

苗时苗床土注意消毒及药剂处理。

药剂救治：因黄瓜灰霉病是花期侵染，预防用药时机一定要在黄瓜开花时开始。最好采用黄瓜一生病害防治大处方进行整体预防（见第八部分）。药剂可选用25%阿米西达悬浮剂1 500倍液或达科宁600倍液喷施预防，或选用45%特克多悬浮剂800倍液或50%农利灵干悬浮剂1 000倍液或40%施佳乐1 200倍液，或50%多霉清可湿性粉剂800倍液或扑海因500倍液，或50%利霉康可湿性粉剂1 000倍液等，喷雾。

◆ 疫病

【典型症状】 疫病主要侵染叶、茎、果实。叶片典型症状是形成暗绿色水渍状圆形大病斑，如图26。子叶染病后，病斑呈凹陷浅褐色斑点，如图27。叶片病斑干枯初期呈青色，如图28，病斑干枯后期呈浅褐色，多薄微透明如图29。高温干燥环境下病斑易破裂，如图30。幼瓜感染病菌后，初为水浸状暗绿色，逐渐缢缩凹陷，表面长出稀疏白霉层，腐烂，有臭味，如图31。

图26 黄瓜叶片初感疫病水浸状病斑

图27 子叶感病呈凹陷浅褐色斑

图28 叶片病斑干枯初期呈青色

图29 黄瓜疫病叶片病斑干枯状

图30 疫病病斑干枯后期叶片破裂症状

【非典型症状】

（1）像炭疽病又像疫病发生，如图32。这种情况在实际生产中经常遇到。图32的圆形病斑极像炭疽病的轮纹斑，但是又没有炭疽病清晰可见的多层轮纹斑，和清晰斑缘。细心观察能看出病斑暗绿色失水边缘不明显，因错季栽培早春棚室温度低、湿度大时，病害症状不是很典型。因大病斑圆形、有不明显的轮纹发生常导致救治用药走向炭疽病防治误区。这种现象多因气温变化大和浇水多造成。仔细观察可以看到病斑稍有凹陷，失绿后病斑变薄，微透明，感病的老叶片有病斑破裂现象，应该是在低温和非常潮湿环境下的疫病症状。

（2）病斑虽受叶脉限制，但是感染病菌后的扩展呈大块病斑，叶缘开始枯萎蔓延，叶斑浅褐色干枯，属

图31 幼瓜染病后表面长出稀疏白霉层

（黄琏摄）

图32 非典型的黄瓜疫病

于疫病症状。不排除疫病与霜霉病的复合感染，如图33。疫病菌与霜霉病菌均属于低等菌，防治用药基本一致。

图33 非霜霉病的疫病叶片

【发病原因】 病菌以菌丝体、卵孢子及厚垣孢子随病残体在土壤或粪肥中越冬。借助风、雨、灌溉水、气流传播蔓延。病菌发病适宜温度为28～30℃，棚室湿度大、大水漫灌以及地表施用未腐熟的厩肥发病严重。

【救治方法】

选用抗病品种：选津杂系列、满贯等较抗（耐）病品种。

生态防治：轮作倒茬，与葫芦科以外的作物实行轮作换茬。

苗床或大棚土壤处理：取大田土与腐熟的有机肥按6∶4混均，并按50千克苗床土中加入杀菌剂金雷20克和适乐时10毫升拌土一起过筛混均。用配好的苗床土装营养钵或铺在育苗畦上，可以预防苗期猝倒病发生。

种子包衣防病：用2.5%适乐时悬浮种衣剂10毫升加35%金普隆乳化种衣剂2毫升，对水150～200毫升可包衣4千克种子，有效防治苗期三大病害。或用68%金雷水分散粒剂600倍液浸种30分钟后催芽。

嫁接防病：采用黑籽南瓜或南砧1号做砧木与黄瓜嫁接，对植株茎秆感病有较好的防治效果。

田间管理：高畦栽培，避免积水，棚室栽培采用膜下暗灌，滴灌，棚室湿度不宜过大，发现中心病株及时拔除深埋。把握好移栽定植后的棚室温、湿度，注意通风，不能长时间的闷棚。

药剂防治：预防可以统筹考虑采用整体防治大处方（见第八部分）。预防可以选用75%达科宁可湿性粉剂600倍液，或25%阿米西达悬浮剂1 500倍液，或80%大生可湿性粉剂500倍液。治疗防治药剂可用68%金雷水分散粒剂600倍液，或25%阿米西达悬浮剂1 500倍液，或69%安克可湿性粉剂600倍液，或72.2%普力克水剂800倍液，或克抗灵800倍液，喷施。茎基部感病可用68%金雷500倍液喷淋和涂抹病部，尤其是感病植株茎秆以涂抹病部效果更好。

◆ 黑星病

【典型症状】 黑星病主要侵染叶片、嫩茎、幼瓜。黑星病典型病斑是梭形凹陷病斑。和叶片小型不规则斑点穿孔。嫩茎感病初期呈现水浸状暗绿色梭形斑，后颜色变暗病斑凹陷龟裂，湿度大时病斑长出灰黑色霉层。叶片受害初期为暗绿色圆形斑点，穿孔后，空的边缘有一圈浅黄色黄晕，如图34。幼瓜感病，病斑部位凹陷，形成疮痂状病斑，表面生有一层霉层，感病部位停止生长形成畸形弯瓜，如图35。由于嫩茎感病引起梭形斑和叶片感病斑点穿孔，造成植株生长萎缩和叶片皱缩使植株整体生长畸形，如图36。

图34 黄瓜黑星病叶片症状

图35 黄瓜感染黑星病幼瓜症状

图36 黄瓜黑星病植株生长畸形状

图37 疑似黑星病的低温障碍造成的掌状花叶

【疑似症状】 叶片有白色小斑点，并呈现掌状皱缩花叶，如图37。细查叶片没有呈现暗绿色，在北方（华北地区）秋延后棚室栽培，10月份温差大，夜晚温度低于10℃时，没有及时覆盖好棚膜，会使黄瓜生长受到寒害。低于8℃叶片细胞受到寒害而逐渐先出现浅黄色斑点，失去光合作用功能，造成叶肉细胞失绿呈白斑现象。

【发生原因】 病菌以菌丝体在病残体内在田间或土壤中越冬。种子带菌，带菌率随品种不同而异。病菌主要从叶片、果实、茎蔓的表皮直接穿透或从气孔和伤口侵入。发病适宜温度为15～25℃，有水滴、湿度93%以上是发病的重要环境因素。棚室湿度大、连续冷凉的气候条件下发病重。

【救治方法】

选用抗病品种：使用抗病品种是既抗病又节约生产成本的救治办法。品种有青杂系列、满贯等。

生态防治：严格种子检疫、调拨，选择无病种子。

种子包衣防病：选用2.5%适乐时悬浮种衣剂10毫升加35%金普隆乳化种衣剂2毫升，对水150～200毫升可包衣4千克种子。

进行种子灭菌消毒：对种子进行温汤浸种，55～60℃恒温浸种15分钟，或75%达科宁可湿性粉剂500倍液，浸种30分钟后冲洗干净催芽。均有良好的杀菌效果。

加强棚室管理：覆盖地膜，膜下浇水，或采用滴灌技术节水保温、降湿减害。发病重的大棚应进行轮作倒茬。棚室用硫磺熏蒸消毒。加强对温、湿度的控制，将温度控制在白天28～30℃，夜间15℃，相对湿度90%以下；注意放风排湿。适当通风增强光照。配方施肥，尽量增施生物菌肥，以提高土壤通透性和根系吸肥活力。

药剂防治：建议预防可参考使用整体预防病害大处方。可选用10%世高水分散粒剂1 500倍液，或25%阿米西达1 500倍液，或50%利霉康可湿性粉剂600倍液，或70%品润干悬浮剂600倍液，或80%大生可湿性粉剂600倍液，或2%加收米水剂200倍液，或40%福星4 000～6 000倍液等喷雾。

◆ 炭疽病

【典型症状】 黄瓜炭疽病主要侵染叶片、幼瓜，苗期到成株期均可发病。炭疽病典型病斑为圆形初呈浅灰色，如图38、图39。高湿条件下病斑

图38 初感炭疽病的黄瓜叶片

图39 呈浅灰色病斑的黄瓜炭疽病叶片

呈圆形、椭圆形黄褐色，后期为红褐色病斑，如图40、图41。幼苗期发病，近地面部位变黄褐色，逐渐缢缩，致使幼苗折倒，如图42。瓜条染病后，病斑呈圆形，稍凹陷初期浅绿色后期暗褐色，病斑表面有粉红色黏稠物。

图40 黄瓜炭疽病黄褐色病斑

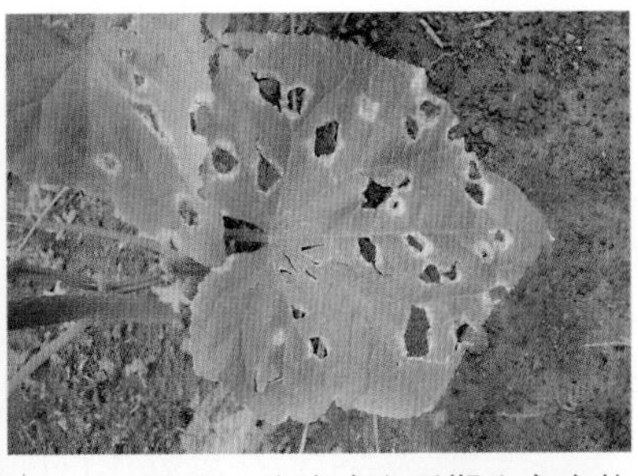

图41 炭疽病斑后期为害症状

图42 黄瓜苗期炭疽、猝倒、立枯病害症状

【疑似症状】

(1) 病斑为浅灰色圆斑，初染病时叶片呈现水浸状圆斑，病斑中心呈浅灰色，大块病斑逐渐现出褐色晕圈，只是比炭疽病斑感染面积稍大，颜色一直呈浅灰色，如图43，扩展后病斑连片呈萎蔫症状。感病初期极易与炭疽病混淆。后期长出白色霉菌后

图43 早春棚室中的黄瓜疫病为害症状

才能与炭疽病区别。应该是疫病侵染为害。防治时应参考疫病的防治方法。

(2) 植株的株高、叶片大小基本正常,但是叶色呈黄化失绿早衰现象。叶片有不规则褐色条斑、病斑如图44,病斑连片后仍没有轮纹或霉状物出现,雌、雄花很少,呈现有秧无瓜现象。这是因为施入过量磷肥,植株发育受到抑制,茎叶变厚,生殖生长过早老化的现象。

图44 疑似炭疽的重度过量磷肥造成的失绿枯叶症状

【发病原因】 病菌以菌丝体或拟菌核随病残体或在种子上越冬,借雨水传播。发病适宜温度为24℃,湿度越大发病越重。棚室温度低,叶面结水珠或黄瓜吐水、结露的生长环境下病害发生重,易流行。北方秋延后棚室黄瓜病害发生重。温暖潮湿,大水漫灌,湿度大,肥力不足,植株生长衰弱发病严重。一般春季保护地种植后期发病几率高,流行速度快。管理粗放,病害流行并造成损失是不可避免的,应引起高度重视,提早预防。

【救治方法】

选用抗病品种: 使用抗病品种是既抗病又节约生产成本的救治办法。品种有津研系列、中农5号等,及引进品种满贯、戴多星等。

生态防治: 种子包衣防病。即选用2.5%适乐时悬浮种衣剂10毫升加35%金普隆乳化种衣剂2毫升,对水150~200毫升,可包衣4千克种子。

进行种子灭菌消毒: 对种子进行温汤浸种,55~60℃恒温浸种15分钟;或75%达科宁可湿性粉剂500倍液浸种30分钟后冲洗干净催芽,均有良好的杀菌效果。

轮作倒茬,苗床土消毒减少侵染源(参照疫病苗床土消毒配方方法)。

加强棚室管理：通风排湿气。避免叶片结露和吐水珠。地膜覆盖或滴灌降低湿度，减少发病机会。晴天进行农事操作，避免阴天整枝绑蔓、采收等，不造成人为传染病害的机会。

药剂防治：建议采用黄瓜整体病害防治大处方进行预防。因病害有潜伏期，发病后防不胜防。采取25%阿米西达悬浮剂1 500倍液预防，会有非常好的效果。也可选用75%达科宁可湿性粉剂600倍液，或10%世高水分散粒剂1 500倍液，或80%大生可湿性粉剂600倍液，或70%品润干悬浮剂600倍液，或25%凯润乳油1 500倍液，或6%乐比耕可湿性粉剂1 500倍液等喷雾。

◆ 白粉病

【典型症状】 黄瓜全生育期均可以感病。主要感染叶片，如图45。发病重时感染枝干、茎蔓。发病初期主要在叶面或叶背产生白色圆形霉状物粉斑点，如图46，从下部叶片开始染病，逐渐向上发展。严重感染后叶面会有一层白色霉层，如图47，发病后期感病部位白色霉层呈灰褐色，叶片发黄坏死，如图48。

图45 初染白粉病的黄瓜叶片

图46 苗期真叶感染白粉病症状

图47 感染白粉病的棚室黄瓜植株

图48 重症下的黄瓜白粉病为害状

【疑似症状】 病斑为浅灰色接近白色的圆斑如图49，病斑中心呈灰白色，但是叶面没有白色霉状物，发病的季节在早春温度较低时应考虑是疫病为害。防治参考疫病救治方法。

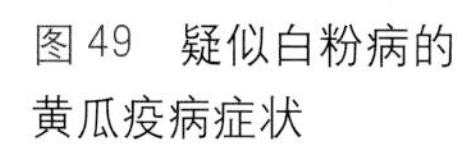

图49 疑似白粉病的黄瓜疫病症状

【发病原因】 病菌以闭囊壳随病残体在土壤中越冬。越冬栽培的棚室可在棚室内作物上越冬。借气流、雨水和浇水传播。温暖潮湿、干燥无常的种植环境，阴雨天气及密植、窝风环境易发病、流行。大水漫灌，湿度大，肥力不足，植株生长后期衰弱发病严重。

【救治方法】

生态防治： 合理密植，引用抗白粉病的优良品种，一般常种的品种有满贯、戴多星、津绿系列等。

适当增施生物菌肥及磷、钾肥，加强田间管理，降低湿度，增强通风透光，收获后及时清除病残体，并进行土壤消毒。

药剂防治：建议采用黄瓜整体病害防治大处方进行预防。因其突发性强，防不胜防。采取25%阿米西达悬浮剂1 500倍液预防会有非常好的效果。也可选用75%达科宁可湿性粉剂600倍液，或10%世高水分散粒剂2 500～3 000倍液，或80%大生可湿性粉剂600倍液，或70%品润干悬浮剂600倍液，或2%加收米水剂400倍液，或6%乐比耕可湿性粉剂1 500倍液，或43%菌力克悬浮剂6 000倍液等喷雾。棚室拉秧后及时用硫磺熏蒸消毒。

◆ 细菌性角斑病

【典型症状】 黄瓜角斑病是细菌性病害。主要为害叶片、叶柄和幼瓜。整个生长时期病菌均可以受害。苗期感病子叶呈水浸状黄色凹陷斑点，叶片感病初期叶背为浅绿色水浸状斑如图50、图51，渐渐变成浅褐色病斑，病斑受叶脉限制呈多角形如图52，这是与霜霉病症状易混淆的病害。但是细菌性角斑病感染后病斑逐渐变灰褐色，棚室温、湿度大时，叶背面会有白色菌脓溢出，干燥后病斑部位脆裂穿孔如图53，这是区别于霜霉病的主要特征。

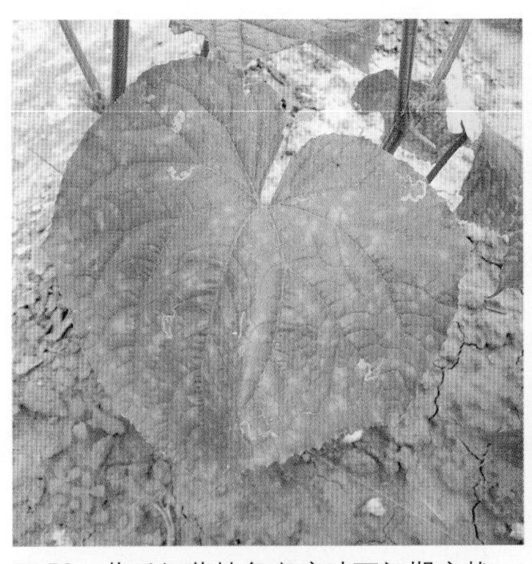

图50 黄瓜细菌性角斑病叶面初期症状

图51 叶背面水浸状斑点

图 52　重症下的细菌性角斑病为害状

图 53　感病后期细菌性角斑病枯叶现象

【疑似症状】　细菌性病害侵染黄瓜初期均是黄褐色斑点，有菌脓出现。图 54 虽然有黄色斑点，但没有水浸状和菌脓，没有发展为角斑，只是围绕叶脉周围有密度不同的黄色斑点。考察栽培方式、作物生长特性、季节等因素发现，为早春、深冬季节大温差的栽培环境下出现的症状，随着气温的提高，植株上部叶片症状逐渐消失。放大叶片局部观察和分析棚室温度条件，判断是深冬或早春夜间温度低于5℃以下叶脉水滴结成的冰点所致症状，如图 55。

图 54　疑似细菌性病害的低温寒害造成的冰点斑

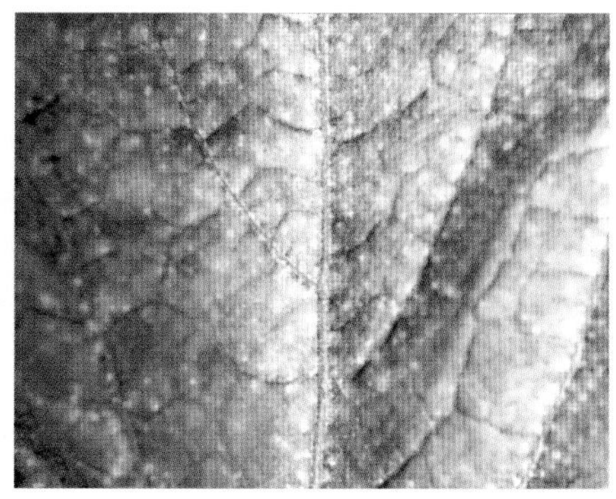

图 55　疑似细菌性病害的低温寒害造成的冰点放大照

【发病原因】　病菌属于细菌，可在种子内、外和病残体上越冬。病菌主要从叶片气孔、或瓜条的伤口侵入，借助飞溅水滴、棚膜水滴下落或结露、叶片吐水、农事操作、雨水、气流传播蔓延。适宜发病温度为24～28℃，相对湿度70%以上均可促使细菌性病害流行。昼夜温差大、露水多，以及阴雨天气整枝绑蔓时损伤叶片、枝干、幼嫩的果实均是病害大发生的重要因素。

【救治方法】

选用耐病品种：引用抗寒性强的杂交品种，如津绿系列等。

农业措施：清除病株和病残体并烧毁，病穴撒入石灰消毒。采用高垄栽培，严格控制阴天带露水或潮湿条件下的整枝、绑蔓等农事操作。

种子消毒：温水浸种，55℃温水浸种30分钟或70℃干热灭菌72小时，或用硫酸链霉素200毫克／千克种子，浸种2小时。

药剂防治：预防细菌性病害初期可选用47%加瑞农可湿性粉剂800倍液，或77%可杀得可湿性粉剂500倍液，或27.12%铜高尚悬浮剂800倍液喷施或灌根。每667米^{2}用硫酸铜3～4千克撒施后浇水处理土壤可以预防细菌性病害。

◆ 枯萎病

【典型症状】 黄瓜枯萎病发病一般在开花结瓜初期，感病植株初期发病先表现为上部或部分叶片、侧蔓中午时间呈萎蔫状，看似因蒸腾脱水，晚上恢复原状态，如图56。而后萎蔫部位或叶片不断扩大增多如图57，逐步遍及全

图56 黄瓜枯萎病植株症状

图57 枯萎病的萎蔫叶片

株致使整株萎蔫枯死。接近地面茎蔓纵裂，剖开茎秆可见维管束变褐。湿度大时感病茎秆表面生有灰白色霉状物。

【疑似症状】

1.植株整体表现萎蔫，叶片黄化如图58，拔出茎蔓没有维管束变褐现象。棚室中均表现植株黄化和不同程度的萎蔫，根据连年瓜菜种植有机肥不足化肥过量土壤盐渍化的现状，判断是土壤盐渍化使植株根压过小根系吸肥不足造成的生理性萎蔫现象。

2.植株萎蔫叶片不变色如图59，茎蔓维管束没有病变，棚室整体作物叶片下垂萎蔫，随着浇水和阳光充足慢慢有所恢复。这是春季由于连阴天植株长期生长在弱光环境里突然晴天光照充足升温造成植株在高温强光下的生理性脱水现象。

图58 疑似枯萎病的土壤盐渍化造成的营养不良性萎蔫

图59 疑似枯萎病的高温强光下的生理性脱水症状

【发病原因】 枯萎病菌系镰刀菌，通过导管维管束从病茎向果实、种子形成系统性侵染。使苗期到生长发育期均可染病。以菌丝体、厚垣孢子或菌核在土壤、未腐熟的有机肥中越冬，可在土壤中存活8年以上。从伤口、根系的根毛细胞间侵入，进入维管束并在维管束中发育繁殖，堵塞导管致使植株迅速萎蔫，逐渐枯死。发病适宜温度24～25℃，重茬，连作，土壤干燥，黏重土壤发病严重。

【救治方法】

选择抗病品种：如密刺类、津杂系列、中农5号等均有较好的抗枯萎病效果。

生态防治：

种子包衣消毒：即选用2.5%适乐时悬浮种衣剂10毫升加35%金普隆乳化种衣剂2毫升，对水150～200毫升可包衣4千克种子进行种子杀菌防病。

土壤消毒：采用营养钵育苗，营养土消毒，苗床或大棚土壤处理，取大田土与腐熟的有机肥按6∶4混均，并按100千克苗床土中加入杀菌剂金雷20克和适乐时10毫升拌土一起过筛混均。用配好的苗床土装营养钵或铺在育苗畦上，可以减轻土壤中枯萎病菌的为害（参照图60、图61操作）。

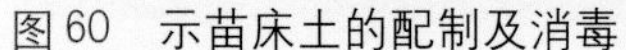
图60 示苗床土的配制及消毒

图61 示营养钵育苗

加强田间管理：适当增施生物菌肥和磷、钾肥。降低湿度，增强通风透光，收获后及时清除病残体，并进行土壤消毒。

嫁接防病：采用黑子南瓜与黄瓜嫁接进行换根处理是当前最有效防治因重茬造成的枯萎病的方法，如图62。嫁接方式有许多种，生产中常用靠接、叉接、劈接等方式，如图63、图64。

图62 用于嫁接的黑籽南瓜苗

图63 采用靠接法嫁接的黄瓜苗

图64 嫁接后的保湿管理

定植时生物菌药处理：用萎菌净1 000倍液每株250毫升穴施后定植可以有较好的防病效果。

药剂防治：可选用75%达科宁可湿性粉剂800倍液，或2.5%适乐时悬浮剂1 500倍液，或80%大生可湿性粉剂600倍液，或甲基托布津可湿性粉剂500倍液，或50%多菌灵可湿性粉剂500倍液，每株250毫升，在生长发育期、开花结果初期、盛瓜期连续灌根，早防早治效果明显。

◆ 线虫病

【典型症状】 线虫病菜农俗称“根上长土豆”的病，如图65。主要为害植株根部或须根。根部受害后产生大小不等的瘤状根结，剖开根结感病部位有很多细小的乳白色线虫埋藏其中。地上植株会因发病致使生长衰弱，中午时分有不同程度的萎蔫现象，并逐渐枯黄，如图66。

图65 黄瓜线虫病症状

图66 重症感染线虫病的黄瓜植株

【发病原因】 此虫生存在土壤5～30厘米的土层之中。以卵或幼虫随病残体遗留在土壤中越冬。借病土、病苗、灌溉水传播可在土中存活1～3年。线虫在条件适宜时，寄生在须根上的瘤状物，即虫瘿或越冬卵孵化形成幼虫后在土壤中移动到根尖，由根冠上方侵入定居在生长点内，其分泌物刺激导管细胞膨胀，形成巨型细胞或虫瘿，称根结。田间土壤的温、湿度是影响卵孵化和繁殖的重要条件。一般喜温蔬菜生长发育的环境也适合线虫的生存和为害。随着北方深冬季种植黄瓜面积的扩大和种植时间的延长，越冬保护地栽培黄瓜给线虫越冬创造了良好的生存条件。连茬、重茬的种植棚室，发病尤其严重。越冬栽培黄瓜产区线虫病害发生普遍，已经严重影响了冬季黄瓜生产和经济效益。

【救治方法】

生态防治：无虫土育苗：选大田土或没有病虫的土壤与不带病残体的腐熟有机肥按6∶4比例混均每立方米营养土加入100毫升1.8%阿维菌素混均用于育苗。

棚室高温、水淹灭菌：黄瓜拉秧后的夏季，土壤深翻40～50厘米混入沟施生石灰每667米^{2}200千克，可随即加入松化物质秸秆每667米^{2}500千克，挖沟浇大水漫灌后覆盖棚膜高温闷棚，或铺施地膜盖严压实。15天后可深翻地再次大水漫灌闷棚持续20～30天，可有效降低线虫病的为害。处理后的土壤栽培前应注意增施磷、钾肥和生物菌肥。

药剂防治：定植前沟施10%福气多颗粒剂每667米^{2}2.5～3千克，施后覆土、洒水封闭盖膜1周后松土定植；或10%克线丹颗粒剂每667米^{2}3～4千克，沟施用药；或3%米乐尔颗粒剂每667米^{2}4千克均匀施于定植沟穴内。

三、黄瓜生理性病害的诊断与救治

在蔬菜生产一线，菜农对生理性病害的认知非常模糊，生理性病害已经成为影响蔬菜生产的重要障碍。生理性病害发生所占病害发生比率正逐年提高，因误诊而错误用药产生的各种农药药害、肥害等现象普遍发生。又因多种农药混施造成的复合症状给诊断带来识别难度。我们以蔬菜生长的部位和症状相似来分类诊断。

◆ 土壤盐渍化障碍

【典型症状】 植株出现生长缓慢，矮化，叶色深绿，叶缘浅褐色枯边如图67，老化叶片边缘因突然放风或大温差环境常有裂叶现象如图68。叶片肥大叶色浓绿，花芽、生长点细胞分化缓慢，叶缘呈灰白色枯边如图69，这是苗期营养土配方施入过量尿素造成盐性土壤导致的生长障碍。

图67 盐渍化土壤中生长的黄瓜叶缘枯边现象

图68　重症下的盐渍化黄瓜叶缘枯裂症状

图69　营养土尿素过量造成的盐渍化苗期生长障碍

【非典型症状】　叶片边缘橘色黄边，叶色深绿僵硬不翘缘如图70，此症应为缺锌症状。

图70　盐渍化环境下的缺锌症状

【发病原因】　在重茬、连茬，有机肥严重不足，大量施用化肥的种植地块经常发生黄瓜营养不良的现象。长期施用化肥，会使土壤中的硝酸盐逐年积累。由于肥料中的盐分不会或很少向下淋失，造成土壤中的盐分借毛细管水上升到表土层积聚，盐分的积聚使土壤根压过小，造成各种养分吸收输导困难，植株生长缓慢。植株周围根压过小，反而向植株索要水分造成局部水分倒流，同时保护地棚室中的温度高，水分蒸发量大，叶片因根压不足，而吸水和养分不足，呈叶缘枯干，重症呈现盐渍化状态枯萎。

【救治方法】 增施有机肥，测土施肥，尽量不用容易增加土壤盐类浓度的化肥；如硫酸铵。

重症地块灌水洗盐，泡田淋失盐分。及时补充因流失造成的钙、镁等微量元素。

深翻土壤，增施腐熟秸秆松软性物质，加强土壤通透性和吸肥性能。

◆ 低温障碍

图71 低温障碍造成的掌状花叶

【症状】

1.秋季覆盖棚膜前后，夜晚未盖棚膜，黄瓜在白天30℃夜晚6～8℃这样大温差的生存环境里生长，植株叶片受到短时间的低温伤害，从而造成了低温障碍的掌状花叶症状如图71。

2.在早春棚室温差20℃以上的生长环境里，有霜冻的夜晚气温急剧下降2～5℃，即温度缓慢降到冰点以下时，被导管输送到叶脉附近的水分会因气温降低输送缓慢或停止，叶片细胞间隙中的细胞壁附近的水分会结成冰粒使叶肉细胞受冻坏死如图72，白天升温时冰点融化叶片呈现冰点黄褐色坏死斑如图73、图74。随着气温的逐渐升高这种现象会慢慢消失如图75。

3.深冬或早春遭遇连阴天，又刚好在阴天前浇过大水，昼夜气温持续徘徊在8～18℃时，土壤湿度过大，棚室密闭，光照不足，叶片蒸腾受到抑制，根系吸收上来的水分大量滞留在细胞间隙或之中，造成细胞和叶肉组织水分充盈形成水浸状泡斑，如图76，持续时间长则泡斑连片，叶片就会失绿，逐渐变成灰褐色的枯死斑。

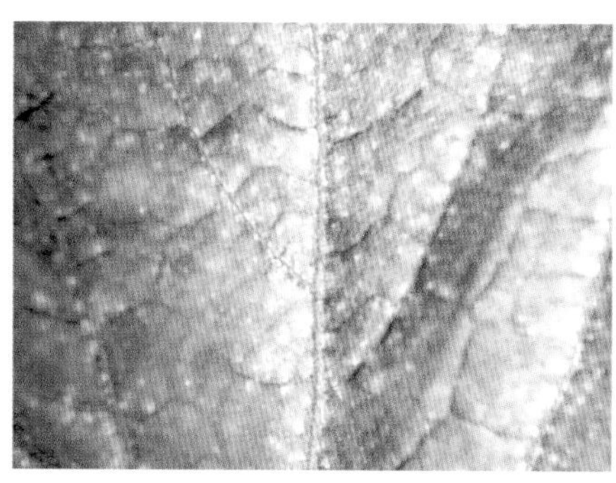

图72 受低温霜降冷害造成的冰点黄斑叶片放大状

图73 突然遭受霜冻危害造成的冰点黄褐色坏死斑症状

图74 棚室黄瓜受冷害产生的冰点斑

图75 早春易受寒害的黄瓜叶片部位

图76 低温高湿造成的水浸状泡斑

【发病原因】 黄瓜是喜温作物，它耐受寒冷环境的程度是有限的。温度低于12℃时植株停止生长，当冬春季或秋冬季节栽培或育苗时，在遭遇寒冷，或长时间低温或霜冻时黄瓜植株本身会产生因低温障碍受害症状。黄瓜的生长适温为昼温22～29℃，夜温18～22℃。低于15℃发育迟缓，低于12℃时会引起生理性紊乱，茎叶停止生长。低于6℃植株就会受寒害，低于2℃时会引起冻害，生存在寒冷的环境里，叶肉细胞会因冷害结冰受冻死亡，突然遭受零下温度会迅速冻死。

【救治方法】

选择耐寒、抗低温、耐弱光品种：如满贯、戴多星、密刺系列、津优1号、津春系列等。

根据生育期确定地温保苗措施避开寒冷天气移栽定植。

育苗期注意保温，可采用加盖草毡、棚中棚加膜进行保温，抗寒。

突遇霜寒，应进行临时加温措施，如烧煤炉或铺施地热线、土炕等。

定植后提倡全地膜覆盖，可有效地降低棚室湿度，进行膜下渗浇，小水勤浇，切忌大水漫灌，有利于保温排湿。

有条件的可安装滴灌设施，既可保温降湿还可有效地降低发病机会。做到合理均衡的施肥浇水，是无公害蔬菜生产发展的必然趋势。

喷施抗寒剂：可选用3.4%康凯可湿性粉剂7 500倍液［1克药（1袋）加15千克水（喷雾器1桶水）］，或每桶水加红糖50克再加0.3%磷酸二氢钾喷施。

◆ 高温障碍

【症状】

烫伤：这是在高温强光条件下施药、喷叶面肥或棚膜水滴对叶片的伤害（日烧）。棚室气温持续在40℃以上时，叶片叶缘向下卷曲，叶边失水、萎蔫、干枯，如图77、图78叶片卷曲失水黄化症。有时接近中午进行农事操作如喷施叶面肥或农药等，棚温达到38℃以上，甚至40℃时植株会出现高温灼伤叶片现象如图 79、图 80。棚室高温条件下的水滴也会对叶片造成局部灼伤如图 81。

图 77　高温障碍叶片卷曲症状

图 78　高温障碍环境下的黄瓜长势

图 79　高温条件下喷肥黄瓜烧叶症状

图 80　高温喷肥造成黄瓜叶缘白化枯边状

图 81　棚膜高温水滴对黄瓜叶片灼伤症

黄化：夏季或初秋种植黄瓜，持续高温接近40℃时， 植株叶片叶脉间叶肉褪绿，形成黄色斑驳如图 82，叶片部分或整个叶片褪绿黄化。

脆叶：生产中突然撤掉棚膜，黄瓜植株突然由弱光照改变为强光照和高温环境，叶片会因强光高温呈黄化脆叶状如图 83。

图82 高温障碍黄瓜叶片黄化失绿症

图83 急性高温强光对黄瓜叶片的灼伤脆叶黄化症

【发病原因】 黄瓜在38℃高温，夜间高于25℃时生长受到抑制，代谢异常，叶片蒸腾过度，导致细胞脱水，呼吸消耗大于光合积累，就要消耗贮存的营养物质，植株处于饥饿状态，呈现生长紊乱现象，势必坐果率低，容易化瓜、落果。越夏棚室在超过40～45℃时叶片会发生灼伤，产生叶缘干枯，植株出现黄化、萎蔫、卷叶、裂果现象。干旱、炎夏暴雨放晴环境下受害症状更严重。

【救治方法】

选用抗热品种：如夏多星、夏丰1号、津研系列、津优1号等。

降温通风：露地栽培注意晴天暴雨后的涝浇园原理，避免雨后突然放晴的高温烤秧，灼叶。保护地注意风口加大透气，遮荫降温。使用遮阳网是最好的防范措施。棚室喷水降温效果不错，但注意防止病害发生。

◆ 缺钾症

【症状】 钾元素在植株体内利用率很高，缺钾时老叶先出现症状，叶片暗绿，叶尖、叶缘变浅黄色边如图84，而后变成浅褐色直至枯干坏死如图85。

图84 缺钾黄瓜叶片的叶缘浅黄色干枯黄化症

图85 缺钾黄瓜叶片长势

【发病原因】 钾肥易在土壤中流失，在蔬菜栽培中需要钾肥的量大，人们施用钾肥不如施用氮肥被重视。在黏土和粗糙的沙质土壤环境里，钾容易被固定，因而常发生缺钾症。施肥不当，有机肥不腐熟也会抑制钾的吸收造成缺钾、缺钙、缺镁现象。

【救治方法】 增施有机肥，增强地力，多施硝态氮利于钾的吸收。注意中耕松土，排水。叶片可喷施0.3%磷酸二氢钾液。

◆ 缺锌症

【症状】 锌元素多在生长点，幼苗幼芽、根尖等部位促进叶绿素合成，缺锌时老叶中的锌向幼叶转移造成老叶叶尖叶缘橘黄色枯边如图86，坏死部分增加。

图86 缺锌黄瓜叶片叶缘橘黄色黄化枯边症

【发病原因】 土壤呈碱性时锌变为不可吸收状态，磷肥过多造成磷酸与锌结合固定形成不易吸收的化合物造成缺锌。

【救治方法】 增施有机肥，特别是含有锌肥的有机肥。不要过量施用磷肥，也可直接将硫酸锌每667米^{2}1千克做为底肥施入土壤中，也可用0.3%硫酸锌叶面喷施。

◆ 缺硼症

【症状】 硼参与碳水化合物在植株体内的分配，缺硼时生长点坏死，花器发育不完全。缺硼时，幼叶、茎蔓、果实因停止生长、停止输导养分，而使叶缘呈现黄化边，叶缘黄化向叶缘纵深枯黄呈叶缘宽带黄化症如图87，果皮组织龟裂、硬化。停止生长的果实典型症状是我们常说的网状木栓化果，如图 88。

图 87 缺硼黄瓜叶缘宽带式黄化症

图 88 缺硼造成的网状木栓化果实

【发病原因】 大田作物改种植蔬菜后则容易缺硼。多年种植蔬菜连茬、重茬，有机肥不足的碱性土壤和沙性土壤，施用过多的石灰降低了硼的有效吸收以及干旱、浇水不当，施用钾肥过多都会造成硼缺乏。

【救治方法】 改良土壤，多施厩肥，增加土壤的保水能力，合理灌溉。及时补充硼肥，叶面喷施 0.1%～0.2% 的硼砂或硼酸液。

◆ 氮（中毒）过剩症

【症状】 植株表现组织柔软，叶片肥大，贪青徒长，叶色浓绿如图89，顶端叶片卷曲，叶片易拧转，花芽分化和生长紊乱，易落花落果。营养育苗土加入过量的氮素会造成秧苗烧叶，叶缘褐色枯边，呈勺状，叶色深绿、颜色不均，如图90。

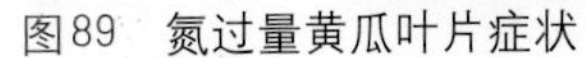

图89 氮过量黄瓜叶片症状

图90 营养土氮过量造成黄瓜烧叶枯边勺状

【发病原因】 过量的施入氮肥，使氮肥转化成了氨基酸进而转化成生长素，刺激了植株幼叶的快速生长。当连茬种植蔬菜时，惟恐施肥不足而大量施入氮肥是造成氮过剩（中毒）的主要原因。营养育苗土加入过量的氮素会造成秧苗烧叶叶缘枯边。

【救治方法】 测土施肥，多施有机肥，严格掌握化肥的施入量。秸秆还田，加强土壤的通透性，避免硝态氮的产生及中毒现象。

增加灌水，降低根系周围因氮过量引起的中毒现象。

◆ 缺镁症

【症状】 缺镁的典型症状是老叶片叶脉之间叶肉褪绿黄化，形成斑驳花叶，叶片发硬，叶缘稍向上卷翘如图91，重症时会向上部叶片发展，逐渐黄化，直至枯干死亡，如图92。

图91 缺镁造成的黄瓜叶肉黄化斑

图92 脱肥缺镁黄瓜植株症状

【发病原因】 由于施氮肥的过量造成土壤呈酸性影响镁的吸收，或钙中毒造成碱性土壤也影响镁的吸收从而影响叶绿素的形成，使叶肉黄化。低温时，氮、磷肥过量，有机肥的不足也是造成土壤缺镁的重要原因。

【救治方法】 增施有机肥，合理配施氮、磷肥，配方施肥非常重要，及时调试土壤酸碱度，改良土壤，避免低温，多施含镁、钾肥的厩肥。叶片可喷施1%～2%的硫酸镁和螯合镁。

◆ 缺铁症

图93 缺铁的黄瓜植株黄化症状

【症状】 植株缺铁的主要症状是顶端叶片及生长点黄化，因铁影响叶绿素的合成，因其流动性差，主要表现在植株上部叶片，如图93。

【发病原因】 碱性土壤和盐渍化土壤易发生缺铁症，过量施入磷肥造成磷中毒，会使土壤中的铁与磷合成不能吸收的沉淀物（磷酸铁）。低温、土壤干旱和潮湿均会影响铁的吸收。

【救治方法】 增施有机肥，碱性土壤多施酸性肥料。缺铁地块加施螯合铁肥每667米^2 1～2千克。合理施肥水，避免大水漫灌。叶片喷施0.1%～0.2%硫酸亚铁水溶液或螯合铁微肥等。

◆ 磷过剩症

【症状】 黄瓜叶片大小正常但呈褪绿黄化早衰现象，重症叶片有褐色枯斑出现如图94，观察叶斑没有霉层，集中表现缺锌、镁、铁综合因素的失绿症。

图 94 磷过剩早衰黄瓜症状

【发病原因】 生产中菜农施磷肥有一个误区，认为磷肥与氮肥一样越多越好，常常施入量是正常需求量的几倍或十几倍。其实蔬菜对磷的利用率较氮、钾肥低得多，只能吸收10%～20%，同时在土壤中磷元素不易随水移动和散失，过量施用磷肥，就会在土壤中逐渐积累，形成难溶性磷酸盐与锌、镁、铁元素结合形成根系不易吸收的难溶性物质，造成失绿缺素症状，极度多量地施入磷肥就会出现生殖器官过早发育、早衰枯斑现象。

【救治方法】 配方施肥，多施有机肥，及时补充因磷过量造成的锌、镁、铁元素不足的失衡环境。对磷过量的地块，下茬可不施或少施磷肥。

◆ 锰过剩症

【症状】 叶脉和沿着叶脉变褐色坏死，是锰中毒的典型症状，如图95。一旦锰中毒叶色呈黄化状。

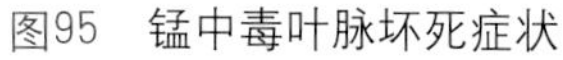

图95 锰中毒叶脉坏死症状

【发病原因】 土壤酸性是锰中毒的重要原因。水淹和长期地涝多湿会使土壤中锰元素处于活性状态，有效锰增加，易发生锰吸收过剩症。控制土壤湿度，调节土壤酸性是救治的根本。

【救治方法】 对锰中毒的土壤增施石灰质肥料，改良土壤使pH至7～7.5，增施有机肥，高畦栽培，合理浇水，注意排水。施用磷肥可有效缓解锰中毒症状。

◆ 缺铜症

【症状】 黄瓜植株幼叶和生长点叶缘、叶尖部位发白叶缘干枯，如图96，随着幼叶、幼芽的生长受白化干枯叶缘的限制，幼叶和生长部位的植株长势呈簇状或弯曲和勺状，如图97。

图96 缺铜黄瓜幼叶枯边勺状

图97 重症缺铜的黄瓜植株

【发病原因】 土壤肥沃的地块，有机质高的土壤或新开垦的黏性泥土，铜元素易被有机质吸附螯合，大部分铜被土壤固定。沙性土壤铜易流失淋溶，使植株生长呈现缺铜症状。

【救治方法】 在防治病害时，可利用预防病害时机补充含铜元素的农药。如波尔多液、铜高尚、加瑞农等。或叶面喷施0.2%～0.4%硫酸铜液。

◆ 涝害

【症状】 土壤阶段性积水，淹没或部分淹没生长植株所造成的危害是不可忽视的。蔬菜生产中自然水淹的现象不是很多，但人为的大水漫灌后的遇雨积水，造成土壤过湿，则发生湿害如图98。它虽然对植株不构成死亡威胁，但是它直接影响着蔬菜的发育，减产是不可避免的。涝害植株根系因水淹缺氧呼吸困难，生长发育受阻，根系弱小，根尖变黑，有烂根现象。地上植株叶片萎蔫，枯黄，如图99。

图98 遭受涝害的黄瓜植株

图99 湿害后黄瓜植株枯黄症状

【发病原因】 水涝对蔬菜的危害对根的影响最大，使根的活力下降，因缺氧呼吸困难，使光合作用下降，二氧化碳扩散受到影响，二氧化碳的积聚促进无氧呼吸，削弱了植株本身的解毒能力，易发生毒害。水涝还会造成多种元素的缺失，如锰、铁、锌的流失。

【救治方法】 高垄栽培，注意排水。设施蔬菜基地应合理灌溉，有条件的应该铺设滴灌设备。滴灌、喷灌、软管微灌、膜下渗灌均是简便易行的防湿害的好方法。涝害之后，注意及时排湿，适时追施速效肥料或根外追肥，让植株尽快恢复生长和增强抗逆能力，并及时观察病害发生与预防情况，做到及时发现及时治疗。

四、黄瓜药害的诊断与救治

◆ 激素、调节剂蘸花药害

【症状】 黄瓜盛瓜期滥用座瓜灵于盛瓜期使瓜型粗细基本正常只是伸长受到限制，如图100。植株尚能生长但畸形，如图101，受过量矮壮素影响瓜苗叶片肥大，茎蔓粗壮，生长点受抑制，不伸长，如图102。生长发育期滥用生长调节激素和多种农药混用造成的生理紊乱现象，如图103。

图100 黄瓜盛瓜期滥用座瓜灵造成的畸形瓜

图101 多种生长调节剂和农药混用造成的黄瓜生长紊乱

图102　黄瓜苗期受过量矮壮素抑制产生畸形老化瓜苗

图103　披上厚厚药粉的被抑制生长的黄瓜植株

【原因】 生产中黄瓜施用座瓜灵、矮壮素是常用的促进雌花分化和防止徒长的必要程序。我们常用的有比久、缩节胺、赤霉素等激素，使用时常常只注重使用浓度和盲目大剂量用药，忽略了适用生长阶段和过量后对植株抑制的后果。生产中一些菜农认为座瓜灵任何生长时期都可以使用，只要黄瓜秧雌花见少，就可喷施一些座瓜灵增加雌花数量。其实不然，黄瓜的生长分发芽、幼苗、甩条发棵、开花结果四个时期。花器分化在幼苗期，在育苗阶段使用坐瓜灵可以有效地促进花器分化。过了分化期再用座瓜灵，其促进分化作用的效果低微而抑制生长的作用则明显起来，使结瓜期的幼瓜生长受到抑制呈畸形瓜，图99的症状已说明问题。过量或不严格使用矮壮素或促壮素等激素可能在育苗阶段控制了徒长，但由于剂量过大更多地限制了秧苗的正常生长，使其老化生长缓慢。对症用药、单一用药，针对植株发生的病害和生长情况使用调节剂和杀菌剂是生产优质蔬菜的要求，但是有些菜农打药时图省事，将多种药剂混配，不顾秧苗是否需要一次性用下去，常常造成植株生长紊乱的毒药现象。

【救治方法】 标准化育苗，标准化管理如图104育苗盘，营养钵育苗如图105。加强水肥管理，标准化施肥浇水，力求生长势一致。

科学用药，预防为主。

掌握好激素用药时机，精细管理。

图104 科学育苗盘

图105 营养钵育苗

◆ 施药药害

【症状】 大剂量农药和劣质喷雾器跑、冒、滴、漏，大药滴造成秧苗叶尖白化干枯（图106）和过量农药淋灌式喷药造成烧苗现象如图107。因多药剂、多剂量、高浓度或药剂本身，或用药时间不当造成的植株叶片随着喷施液滴向叶缘滑落叶缘枯干，造成的烧叶药害如图108。有时将喷过除草剂的喷雾器药桶未清洗再用来喷杀菌剂，残留在药桶内的除草剂会使黄瓜畸形，如图109。

图107 淋灌式大剂量药剂对幼苗的伤害

图106 大剂量药剂喷施幼苗的烧灼症状

图108 不当农药的喷施对黄瓜叶片造成的烧灼药害

图109 用除草剂残留药桶喷杀菌剂造成的畸形黄瓜植株

【原因】 黄瓜在蔬菜作物中对农药是比较敏感的，要求使用剂量也较严格。尤其是苗期的用药浓度和药液量更应该严格掌握，需要减量或使雾滴均匀。不同的农药在不同的蔬菜作物上的使用剂量是经过科研部门严格试验示范后才推广应用的，我们施用时应尽量遵守农药包装袋上推荐使用的安全剂量。

【救治方法】 受害秧苗如果没有伤害到生长点，可以加强肥水管理促进快速生长。小范围的秧苗可尝试喷施赤霉素或施用康凯7 500倍液调节。生产中应尽量将除草剂与其他农药分别使用喷雾器进行操作，避免交叉药害的发生。

◆ 飘移药害

【症状】 黄瓜生产中常常遭遇飘移性药害。春季茄果类蘸花时，喷花的药液雾滴无意中飘落在嫩茎、嫩叶的黄瓜棚室，或枝蔓、茎叶上，就会产生疑似病毒病的蕨叶、幼嫩叶片纵向扭曲畸形、脆叶。蘸花激素对黄瓜秧苗的药害状如图110。受到飘移药剂气流的影响，棚室风口处秧苗首先遭到药害气体熏蒸，植株生长受到抑制，茎秆变粗，叶片因叶肉细胞受害停止生长，而叶脉生长正常呈具有骨感爪状畸形叶片如图111，产生的蕨叶或线状叶片生产中经常被菜农误诊是病毒病（农民常称为“小叶病”）。玉米播种季

图110 蘸花药剂飘移造成蕨叶性药害

图111 麦田除草剂2，4-D丁酯飘移产生药害（蕨叶、僵化叶）

节施用含有莠去津成分的封闭除草剂，在河北正是高温雨季，使用时很容易产生飘移气流对周围蔬菜瓜果作物造成药害，如图112，轻者有微型卷叶和僵硬脆叶，重者会抑制整株生长和茎叶变态畸形，如图113，毁种现象也有发生。

图112　玉米田除草剂莠去津飘移产生药害（微卷叶、僵脆叶）

图113　重症阿特拉津飘移对黄瓜植株产生药害

【救治方法】　预防上没有什么好的药剂。生产中常使用的赤霉素虽然能缓解症状，但也不能解决根本问题。实践中我们探讨用植物原农药康凯调节剂对药害植株予以治疗，目前看有一定的解毒作用。现仍在试验示范的探讨中。救治可继续选用赤霉素进行症状缓解作用，或施用细胞分裂素均可，同时加强中耕施肥促进植株生长，各项措施一齐上，效果会更好。

五、黄瓜肥害的诊断与救治

【症状】 黄瓜盛果期一般都是气温较高的季节，追加化肥（碳酸氢铵肥料）如果不注意棚室温度，就会造成氨气中毒叶脉间或叶缘出现水浸状斑纹，随后斑纹变褐色干边呈烧叶症状，如图114。一次性施肥过量会造成大面积疑似炭疽病症的叶片干枯现象如图115。在营养土的配制中，将未腐熟的有机肥如鸡粪干掺入营养土中，或施入过量化肥，也会对幼苗造成烧灼危害，因肥料不腐熟，会使秧苗根系呈褐色，不长新根，使根吸肥受阻而影响叶片和整个植株生长发育，叶片边缘因营养不足而脱肥黄化、枯干，如图116。

图114　高温下施碳酸氢铵产生氨气熏蒸使黄瓜叶脉间和叶缘变褐枯干

图115　有害气体危害后期黄瓜叶片干枯状

图116 未腐熟肥烧根造成的黄瓜幼苗黄化枯叶症

在生产中人们对叶面肥的认知不是很充分。经常认为多施点没坏处，其实不然。有些不法厂商在叶面肥、冲施肥中加入对作物起刺激速效作用的激素类物质，剂量一多就会产生叶面肥害（有时是激素药害），造成叶片僵化、变脆、扭曲畸形，茎秆变粗，抑制了植株生长，造成微肥中毒。

【救治方法】 喷施叶面肥应准确掌握剂量，做到合理施肥，配方施肥。夏季或高温季节追施化肥时，应尽量沟施、覆土。施肥应避开中午时间，傍晚进行并及时浇水通风。有条件的棚室提倡滴灌施肥浇水技术，可有效避免高温烧叶及肥水不均状况。

六、黄瓜各类易混病害图片对照比较识别

叶尖叶缘黄化症状的综合比较

图 67　盐渍化障碍叶缘黄褐色症

图 84　叶片缺钾症

图 86　缺锌叶缘浅橘黄色枯边症（叶缘窄带黄边）

图 87　缺硼造成的浅黄色宽带叶缘黄化边

图 96　缺铜幼叶枯边症

图 106　高浓度药量对幼苗叶片的烧灼症

图116　未腐熟肥烧根造成的幼苗黄化枯叶症

图 80　高温喷肥造成黄瓜叶缘枯边白化症

生理病害叶片黄化症状比较

图 91　缺镁叶片叶肉黄化症

图 98　遭受涝害植株黄化症

图 93　缺铁叶片黄化症

图 102　过量矮壮素造成的幼苗老化症

图 82　高温障碍叶片黄化失绿症

图83　急性高温强光造成的灼伤脆叶黄化症

图 96　缺铜造成黄瓜幼叶枯边，叶呈勺状

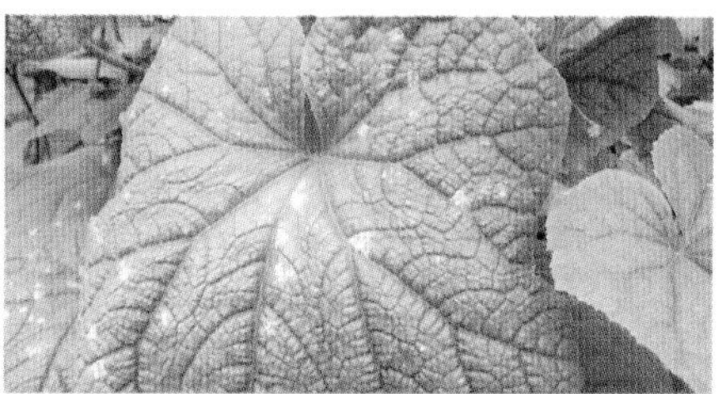
图 77　高温障碍叶片卷曲斑驳黄化症

病害果与药害果的症状比较

图 35　黄瓜黑星病病瓜

图 22　黄瓜感染灰霉病瓜果（柱头侵染的病瓜）

图 88　黄瓜缺硼造成的网状木栓化果实

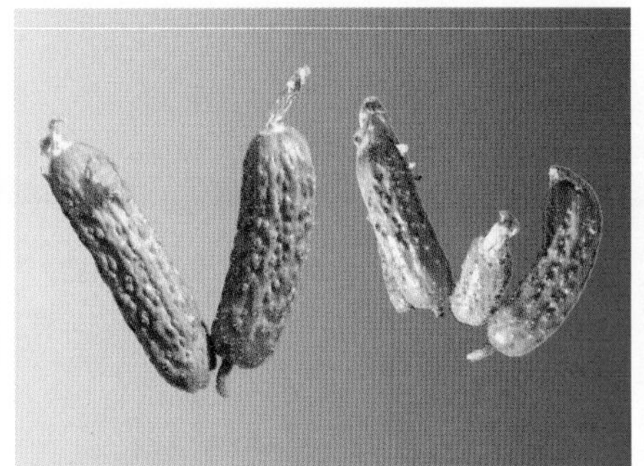

图 100　滥用座瓜灵造成的畸形瓜

图 31　感染疫病菌的幼瓜长出白霉层

真菌病害与生理性缺素病害叶片变褐叶缘枯死症状比较

图17　感染霜霉病的叶片

图20　疑似霜霉病的疫病叶片

图 29　黄瓜疫病叶片斑点干枯状

图 38　初感炭疽病的黄瓜叶片

图 40　黄瓜炭疽病黄褐色病斑

图94　磷过剩早衰黄瓜叶片

图95 锰中毒叶脉坏死症叶片

图 77 高温障碍叶片卷曲斑驳花叶症

图 116 未腐熟肥烧根造成的幼苗黄化枯叶症

七、黄瓜虫害与防治

◆ 白粉虱

【为害状】　成虫或若虫群集嫩叶背面刺吸汁液，如图117，使叶片褪绿变黄，由于刺吸汁液造成汁液外溢又诱发落在叶面上的杂菌形成霉斑，严重时霉层覆盖整个叶面及茎蔓上。霉污病即是因白粉虱刺吸汁液诱发叶片霉层而产生的病症。

图117　群集叶片的白粉虱为害状

【防治】 设置防虫网，阻止白粉虱飞入为害，如图 118 为设施双网棚室和图 119 为越夏育苗小拱棚防虫网。

图118 双网棚室

图119 越夏育苗小拱棚防虫网

药剂防治：可选用25%阿克泰水分散粒剂2 000～5 000倍液喷施或淋灌15 天1 次，如图 120 所示淋灌方式，或扑虱灵可湿性粉剂 800～1 000倍液与天王星乳油4 000倍液混用，或1.8%阿维菌素乳油2 000倍液喷雾防治。

图 120 淋灌示范

◆ 蚜虫

【为害状】 蚜虫是传毒媒介，预防病毒病应该从防治蚜虫开始。主要为害叶片、茎蔓，致使植株变黄、萎缩，幼叶畸形、卷曲。图 121 为蚜

图121 蚜虫为害黄瓜

虫为害黄瓜。

【防治】

黄板诱蚜：就地取简易板材用黄漆刷板涂上机油，吊至棚中，30～50米^{2}挂一块诱蚜板，如图122。

药剂防治：可选用25%阿克泰水分散粒剂4 000～6 000倍液，或10%吡虫啉可湿性粉剂1 000倍液喷施。

图122 示黄板诱蚜

◆ 潜叶蝇

【为害状】潜叶蝇在黄瓜一生中均可为害。从子叶到生长各个时期的叶片均可受害，以幼虫潜入叶片里，刮食叶肉，在叶片上留下弯弯曲曲的潜道，严重时叶片布满灰白色线状隧道如图123、图124。

图123　斑潜蝇为害子叶形成隧道

图124　布满潜叶蝇灰白色线状隧道的重症叶片

【防治】　设置防虫网，从根本上阻止潜叶蝇的进入。

黄板诱成虫：每30～50米^{2}放置一块黄板诱杀成虫。

药剂防治：25%阿克泰水分散粒剂3 000倍液加2.5%功夫水剂1 500倍液混用喷施，或48%乐斯本乳油1 000倍液，或1.8%阿维菌素乳油2 000倍液，喷施。

◆ 茶黄螨、红蜘蛛

【为害状】　成螨和幼螨群集作物幼嫩部位刺吸为害，受害植株叶片变窄，皱缩或扭曲畸形，幼茎僵硬直立，重症植株常被误诊似病毒病，如图125。

红蜘蛛为害黄瓜呈沙状失绿叶片，如图126，为害后期植株生长缓慢，瓜条畸形，如图127。

图125 茶黄螨为害黄瓜症状

图126 红蜘蛛为害黄瓜叶片症状

图127 重度为害黄瓜植株症状

【防治】 茶黄螨生活周期较短，繁殖力强，应注意早期防治，可选用1.8%阿维菌素水剂2 000～3 000倍液，或20%达螨灵乳油1 500倍液，或天王星乳油3 000倍液，克螨特2 000倍液，40%尼索朗乳油2 000倍液喷施。

八、不同栽培季节黄瓜一生病害防治大处方

◆ 早春保护地黄瓜一生病害防治大处方（3～6月）

● 移栽田间缓苗后开始

第一步：喷75%达科宁可湿性粉剂一次，每袋药（100克）对3桶水，7～10天1次（完成第一步喷药7～10天后进行第二步，以此类推）。

第二步：喷25%阿米西达悬浮剂一次，每袋药（10毫升）对1桶水*，15～20天1次。

第三步：喷10%世高悬浮剂一次，每袋药（10毫升）对1桶水7～10天1次。

第四步：喷25%阿米西达悬浮剂一次，每袋药（10毫升）对1桶水，15天1次。

第五步：喷25%阿米西达悬浮剂一次，每袋药（10毫升）对1桶水，15～20天1次。

第六步：喷68%金雷水分散粒剂一次，30克药对1桶水，7天1次。

第七步：喷10%世高水分散粒剂一次，每袋药（10克）对1桶水，7～10天1次。

第八步：喷75%达科宁可湿性粉剂，每袋药（100克）对3桶水，直至收获。

注意：细菌性病害因天气而异，掌握棚室湿度和阴天动态，及时调整加入防治细菌病害药剂。

---

* 1桶水即1喷雾器水，为15升（30斤）。

图 128、129、130、131、132 大处方技术指导下的防病和丰收景象

◆ 秋季黄瓜一生病害防治大处方（7～10月）

● 移栽田间缓苗后开始

第一步：喷75%达科宁可湿性粉剂一次 ，每袋药（100克）对3桶水，7～10天1次。

第二步：喷25%阿米西达悬浮剂一次，每袋药（10毫升）对1桶水，15天1次。

第三步：喷10%世高水分散粒剂一次，每袋药（10克）对1桶水，7天1次。

第四步：喷25%阿米西达悬浮剂一次，每袋药（10毫升）对1桶水，15天1次。

第五步：喷10%世高水分散粒剂5克+68%金雷水分散粒剂30克对1桶水，7天1次。

第六步：喷25%阿米西达悬浮剂一次，每袋药（10毫升）对1桶水，15天1次。

第七步：喷10%世高水分散粒剂一次，每袋药（10克）对1桶水，10天1次。

第八步：喷75%达科宁可湿性粉剂，每袋药（100克）对3桶水，7天1次，直至收获。

注意：连续阴天，请及时防治细菌性病害。

◆ 越冬黄瓜一生病害防治大处方（11～5月）

● 移栽田间缓苗后开始

第一步：喷75%达科宁可湿性粉剂连续喷二次，每袋药（100克）对3桶水，7～10天1次（每7～10天喷1次，7～20天以后再喷一次，14～20天再进行第二步）。

第二步：喷10%世高水分散粒剂一次，每袋药（10克）对1桶水，7～10天1次。

第三步：喷25%阿米西达悬浮剂一次，每袋药（10毫升）对1桶水，15～

20天1次。

第四步：喷10%世高水分散粒剂一次，每袋药（10克）对1桶水，7～10天1次。

第五步：喷25%阿米西达悬浮剂一次，每袋药（10毫升）对1桶水，20～25天1次。

第六步：喷2.5%适乐时悬浮剂，10毫升药对1桶水或40%施佳乐悬浮剂800倍液，7～10天1次。

第七步：喷75%达科宁可湿性粉剂连续喷二次，每袋药（100克）对3桶水，7～10天1次。如果没有病害发生可再用一次达科宁。

第八步：喷25%阿米西达悬浮剂一次，每袋药（10毫升）对1桶水，20天1次。

第九步：喷68%金雷水分散粒剂一次，1袋（100克）药对3桶水，7～10天1次。

第十步：喷25%阿米西达悬浮剂一次，每袋药（10毫升）对1桶水，20天1次。

第十一步：喷75%达科宁可湿性粉剂，每袋药(100克)对3桶水，直至收获。

注意：连续阴雨请注意加入防治细菌性病害的药剂。

◆ 露地（制种田）黄瓜一生病害防治大处方（4～7月）

● 移栽田间缓慢苗后开始

第一步：喷75%达科宁可湿性粉剂一次 ，每袋药（100克）对3桶水，7天1次。

第二步：喷75%达科宁可湿性粉剂一次 ，每袋药（100克）对3桶水，7天1次。

第三步：喷25%阿米西达悬浮剂一次，每袋药（10毫升）对1桶水，15天1次。

第四步：喷68%金雷水分散粒剂一次，600倍液即每袋药（100克）对3桶水，7天1次。

第五步：喷25%阿米西达悬浮剂一次，每袋药（10毫升）对1桶水，15天1次。

第六步：喷25%阿米西达悬浮剂一次，每袋药（10毫升）对1桶水，15天1次。

第七步：喷10%世高水分散粒剂一次，每袋药（10克）对1桶水，7～10天1次。

第八步：喷68%金雷水分散粒剂一次，600倍液即每袋药（100克）对3桶水，7天1次。

第九步：喷75%达科宁可湿性粉剂一次 ，每袋药（100克）对3桶水，7天1次，直至收获。

◆ 蔬菜种子包衣防病处方

用2.5%适乐时悬浮剂10毫升+35%金普隆乳化剂2毫升，对水150～200毫升可包衣4千克种子，可有效防治苗期立枯病、炭疽病、猝倒病的发生。或50℃温水浸种20分钟后再用500倍75%达科宁可湿性粉剂浸泡30分钟后播种。

◆ 苗床土消毒处方

取没有种过蔬菜的大田土与腐熟的有机肥按6∶4混均，并按100千克苗床土加入杀菌剂金雷20克和适乐时10毫升拌土一起过筛混匀。用这样的土壤装营养钵或铺在育苗畦上。可以避免苗期立枯病、炭疽病和猝倒病的为害，还可以用200～400倍液在播种前喷洒苗床表面，然后把种子播在含药的土壤中，有较好的预防苗期病害的作用。

◆ 苗期灌根防治蚜虫、白粉虱等传毒媒介新技术（懒汉施药法）

用强内吸性杀虫剂阿克泰，在移栽前2～3天时，1 500～2 500倍液（1桶水加6～8克）阿克泰喷淋幼苗，使药液除叶片以外还要渗透到土壤中。平均每平方米苗床喷药液2升左右（或2克药／桶水喷淋100棵幼苗）持效期可达20～30天，有很好的防治蚜虫、白粉虱和预防媒介害虫传毒病毒病的作用。

九、黄瓜病害年度防治历*

月份		易发病害	防治措施	栽培方式	防治用药
1	上旬	土传病害猝倒病、立枯病	土壤消毒	早春育苗	50千克苗床土加20克金雷和适乐时10毫升拌土过筛混均可装营养钵。铺在育苗畦上
	中旬	溃疡病、细菌性角斑病	喷施用药	越冬栽培	77%可杀得600倍液、细菌灵、加瑞农
	下旬	寒害、猝倒病	保暖、除湿	越冬栽培、育苗	磷酸二氢钾加红糖喷施抗寒、金雷600倍液淋灌防治，68.75%易保600倍液、阿米西达1 500倍液、康凯7 500倍液喷施
2	上旬	灰霉病	蘸花用药、喷施用药	越冬栽培	2～3千克蘸花液加10毫升适乐时混均蘸花，利霉康800倍液、特克多1 200倍液、施佳乐1 200倍液、农利灵600倍液、扑海因600倍液喷施
	中旬	猝倒病、疫腐病、茎基腐病	苗盘浸盘、土壤表层药剂处理，药剂淋灌	早春育苗越冬黄瓜感病	金雷600倍液浸盘或淋灌，克抗灵800倍液、安克600倍液喷施
	下旬	细菌性角斑病、冷害、寒害、灰霉病	降湿，苗期预防为主	越冬栽培早春栽培	阿米西达1 500倍液、世高1 000倍液、品润600倍液、达科宁600倍液、大生500倍液、利霉康600倍液、施佳乐1 200倍液、特克多1 000倍液、农利灵600倍液喷施

* 表中所列农药均为常见剂型。

（续）

月份		易发病害	防治措施	栽培方式	防治用药
3	上旬	蚜虫、白粉虱	灌根、喷雾、清除杂草、加防虫网	越冬栽培春季栽培	阿克泰2 000～4 000倍液、吡虫啉1 000倍液、功夫水剂1 000倍液淋湿秧苗或喷雾
	中旬	猝倒病、黑星病、霜霉病、炭疽病	早期预防、整体方案、喷施用药	越冬型栽培、春季栽培	阿米西达1 500倍液、金雷600倍液、安克600倍液、世高1 000倍液、品润600倍液、达科宁600倍液、利霉康600倍液、施佳乐1 200倍液、特克多1 000倍液、农利灵600倍液
	下旬	灰霉病、黑星病、霜霉病	蘸花用药、喷施用药	越冬栽培、春季栽培	阿米西达1 500倍液、世高1 000倍液、品润600倍液、达科宁600倍液、大生500倍液、利霉康600倍液、施佳乐1 200倍液、特克多1 000倍液、农利灵600倍液、金雷600倍液
4	上旬	霜霉病、炭疽病、白粉病	喷施	春季、越冬、冷拱棚	阿米西达1 500倍液、金雷600倍液、世高1 000倍液、品润600倍液、达科宁600倍液、大生500倍液、农利灵600倍液、克抗灵、利霉康、霜疫清等
	中旬	霜霉病、炭疽病	喷施	春季栽培、越冬栽培	阿米西达1 500倍液、金雷600倍液、克抗灵600倍液、百德富800倍液、世高1 000倍液
	下旬	霜霉病、炭疽病、蚜虫、白粉虱	喷施、喷淋	春季栽培、大拱棚栽培	阿米西达1 500倍液、金雷600倍液、克抗灵600倍液、百德富800倍液、世高1 000倍液、利霉康600倍液、阿克泰2 000～3 000倍液、吡虫啉1 000倍液

（续）

月份		易发病害	防治措施	栽培方式	防治用药
5		霜霉病、炭疽病、细菌性角斑、枯萎病、蔓枯病	喷施 菜田随水用药，每667米^{2}用硫酸铜2～3千克	春季栽培、大拱棚栽培	阿米西达1 500倍液、金雷600倍液、克抗灵700倍液、安克600倍液、加收米500倍液、世高800倍液、大生500倍液、铜高尚600倍液、细菌灵400倍液、可杀得500倍液、萎菌净500倍液灌根
6	上旬	晚疫病、早疫病、叶霉病、溃疡病、霜霉病	喷施 菜田随水用药，每667米^{2}用硫酸铜2～3千克	春季栽培、大拱棚栽培、露地	阿米西达1 500倍液、克抗灵600倍液、世高1 000倍液、达科宁600倍液、品润600倍液、加收米500倍液、世高800倍液，可杀得500倍液、加瑞农500倍液、细菌灵
	中旬	霜霉病、蚜虫、茶黄螨	喷施	春季栽培、大拱棚栽培、露地	金雷600倍液、安克600倍液、克抗灵700倍液、世高800倍液、加收米500倍液、品润600倍液、阿克泰3 000倍液、阿维菌素2 000倍液
	下旬	霜霉病、青枯病、热害	喷施、遮阴	大棚栽培、露地栽培	世高800倍液、加收米500倍液、品润600倍液、可杀得500倍液、加瑞农500倍液、细菌灵400倍液
7		炭疽病、 茎基腐病	喷施 淋灌，浸盘	大棚栽培、露地栽培、秋季育苗	世高800倍液、加收米500倍液、品润600倍液、利霉康600倍液、多霉清600倍液、福星4 000倍液、金雷600倍液淋灌、浸盘

（续）

月份		易发病害	防治措施	栽培方式	防治用药
8	上旬	茎基腐病	淋灌、喷施	秋季栽培	金雷600倍液、克抗灵800倍液、安克600倍液
	中旬	角斑病	喷施	秋季栽培	细菌灵400倍液、加收米500倍液、可杀得600倍液、加瑞农500倍液、铜高尚500倍液
	下旬	霜霉病、角斑病	喷施	秋季栽培	阿米西达1 500倍液、达科宁600倍液、大生500倍液、世高800倍液、品润600倍液
9	上旬 中旬 下旬	霜霉病 细菌性角斑病 炭疽病、蚜虫、白粉虱	喷施	秋季栽培	阿米西达1 500倍液、金雷600倍液、克抗灵600倍液、安克600倍液、霜疫清700倍液、世高800倍液、加收米500倍液、品润600倍液、达科宁600倍液、大生500倍液、世高1 000倍液、阿克泰2 000~3 000倍液、吡虫啉1 000倍液
10	上旬	白粉病	喷施	秋季栽培	世高800倍液、加收米500倍液、品润600倍液
	中旬	霜霉病、白粉虱	喷施	秋延后大棚	阿米西达1 500倍液、金雷600倍液、克抗灵600倍液、安克600倍液、霜疫清700倍液
	下旬	茶黄螨	喷施	秋延后大棚	阿维菌素2 000倍液
11	上旬	茎疫腐病	淋施	越冬移栽	克抗灵600倍液、安克600倍液、金雷600倍液

（续）

月份		易发病害	防治措施	栽培方式	防治用药
11	中旬	白粉病、细菌性角斑病	喷施	越冬栽培	阿米西达1 500倍液、世高1 200倍液、达科宁600倍液、大生500倍液、加瑞农400倍液、可杀得500倍液、铜高尚500倍液
	下旬	黑星病	喷施	越冬栽培	达科宁600倍液、大生500倍液、品润600倍液
12	上旬	灰霉病	喷施	越冬栽培	施佳乐1 200倍液、特克多1 000倍液、速克灵800倍液、扑海因600倍液
	中旬	细菌性角斑病	晴天整枝，土壤加施硫酸铜	越冬栽培	可杀得600倍液、加瑞农500倍液、铜高尚500倍液
	下旬	寒害、灰霉	保温、驱湿、喷药	越冬栽培	康凯7 500倍液、阿米西达1 500倍液、农利灵600倍液、适乐时1 500倍液、速克灵800倍液

十、黄瓜缺素症补救措施一览表

生理症状	原因	对策和防治	施用剂量及调节药剂
缺氮素（N）	施肥不足，土质流失	增施有机肥，叶面喷施尿素	0.3%～0.5%尿素或含氮复合肥
氮过剩（N）	肥水管理不当，过度施用氮肥	加施磷、钾肥，增加灌水，淋施硝态氮	
缺磷素（P）	在酸性土壤中镁易被固定影响磷吸收	补施磷肥，加施镁肥	磷酸二氢钾0.3%～0.5%
磷过剩（P）	土壤中的磷只能被吸收20%～30%，过量施用磷肥	补施锌、锰、铁及氮钾肥	螯合锌、螯合镁、螯合铁等
缺钾素（K）	黏质和沙性土壤，钾易被固定	补施钙、镁，施磷酸二氢钾	0.3%磷酸二氢钾、螯合镁
钾中毒（K）	抑制了镁吸收	流水灌溉，施镁肥	康培营养素、绿芬威等、螯合镁
缺钙（Ca）	酸性土壤，化肥田、盐渍化土壤	调节pH，施石灰粉，叶面喷肥，秸秆还田	0.3%氯化钙液、康培营养素、螯合钙
钙中毒（Ca）	土壤碱性，各种元素都缺	使用酸性肥料，增加灌水次数	硫酸氨、硫酸钾、氯化钾
缺镁（Mg）	酸性土壤，钾过量，阳离子易被固定	土壤改良，叶面喷施补镁	1%～2%硫酸镁液、康培营养素、螯合镁
镁中毒（Mg）	土壤盐渍化，镁被固定	除盐、浇水。下茬种高粱	

（续）

生理症状	原因	对策和防治	施用剂量及调节药剂
缺硼（B）	有机肥少，碱性大，降低了硼的吸收	增施有机肥，补硼	0.1%～0.25%硼砂或硼砂液
硼中毒（B）	工厂污染，硼肥过量	灌大水，种耐硼蔬菜番茄、甘蓝、萝卜	
缺铁（Fe）	碱性、盐性土壤。土壤过干、过湿、低温	改良土壤，雨后排水，补铁，叶面施肥	0.1%～0.2%硫酸亚铁或氯化铁液、螯合铁
铁中毒（Fe）	人为施铁过量	增施钾肥，提高根的活性	康培营养素、绿芬威等
缺锰（Mn）	酸性、盐类土壤	补施锰肥，氧化锰、硫酸锰叶施	0.1%～0.3%硫酸锰液或0.1%氯化锰
锰中毒（Mn）	污染、淹水、酸性土	施石灰质肥料，增施磷肥，高畦栽培	0.02%钼酸钠液
缺钼（Mo）	锰多钼缺，酸性土，铁多土壤偏酸	加石灰质肥料，补钼，叶施	0.02%钼酸钠液、康培营养素
钼中毒（Mo）	“三废”土壤污染	适当补给硫酸亚铁肥	康培营养素
缺锌（Zn）	高碱性土，磷肥过多	调节pH6.5，补锌，土施、叶施	0.3%硫酸锌或康培营养素
锌中毒（Zn）	环境污染、土壤酸性	增施有机肥，改良土壤，换土移动	
缺铜（Cu）	土壤有机质多活性铜被吸附或螯合	叶施0.2%～0.4%硫酸铜液	加施含铜农药如波尔多液等
铜中毒（Cu）	污染、人为施铜过量，土壤碱化	施绿肥，增施铁、锰、锌肥	康培营养素
缺硫（S）	长期施用无硫酸根的肥料	施用硫酸氨、硫酸钾等含硫化肥	康培营养素2号
硫中毒（S）	含硫肥料施用过多，工业区酸雨影响	按盐化土壤处理，改良土壤	

图书在版编目（CIP）数据

黄瓜疑难杂症图片对照诊断与处方/孙茜主编．—北京：中国农业出版社，2006.1（2015.4 重印）
（无公害蔬菜病虫害防治实战丛书）
ISBN 978-7-109-10560-7

Ⅰ．黄… Ⅱ．孙… Ⅲ．黄瓜-无污染技术-病虫害防治方法 Ⅳ．S436.421

中国版本图书馆 CIP 数据核字（2005）第 155919 号

中国农业出版社出版
（北京市朝阳区农展馆北路 2 号）
（邮政编码 100125）
责任编辑　张洪光

北京中科印刷有限公司印刷　新华书店北京发行所发行
2006 年 2 月第 1 版　2015 年 4 月北京第 6 次印刷

开本：880mm×1230mm　1/32　印张：2.75
字数：30 千字　印数：42 001～45 000 册
定价：15.00 元